彩妆
可以让你更美

喷枪彩妆让你瞬间变得更美

一把开启美妆魅力的钥匙
简单学会"好运彩妆"
5~8种主题在6种脸形上做变化
打造不用整形也能拥有的明星级完美妆容

一本让你演绎
性感、纯真、优雅
完美妆容
的图书

U0232647

石美芳　陈奕融　赖采滢　卢美娜◎著

山西出版传媒集团
山西科学技术出版社

图书在版编目（CIP）数据

彩妆可以让你更美 / 石美芳等著 .—太原 : 山西科学技术出版社，2017.2

ISBN 978 – 7 – 5377 – 5466– 8

Ⅰ . ① 彩… Ⅱ . ① 石… Ⅲ . ① 女性— 化妆—基本知识 Ⅳ . ① TS974.12

中国版本图书馆 CIP 数据核字（2016）第 303308 号

著作权合同登记号　图字 04-2017-009

彩妆可以让你更美

出 版 人：赵建伟

著 者：石美芳　等

责 任 编 辑：薄九深

责 任 发 行：阎文凯

封 面 设 计：吕雁军

出 版 发 行：山西出版传媒集团·山西科学技术出版社
　　　　　　地址：太原市建设南路 21 号　邮编：030012

编辑部电话：0351-4922134

发 行 电 话：0351-4922121

经 销：各地新华书店

印 刷：山西晋财印刷有限公司

网 址：www.sxkxjscbs.com

微 信：sxkjcbs

开 本：787mm×1092mm　1/16　印 张：8.625

字 数：200 千字

版 次：2017 年 2 月第 1 版　2017 年 2 月太原第 1 次印刷

书 号：ISBN 978-5377-5466-8

定 价：48.00 元

本社常年法律顾问：王葆柯

如发现印、装质量问题，影响阅读，请与印刷厂联系调换。

编辑序

　　我就是要变漂亮、变美丽！让人气与桃花运降临吧！这是许多女孩的心声。但总有很多女孩因不够了解自己的脸形，常设计出不协调的妆容。本书教你如何调整五官黄金比例，设计出最适合自己的彩妆，化妆其实一点都不难，跟着本书学习，你也能晋升为"美人国"的一员喔！

　　搭配本系列的基础彩妆书，这本升级彩妆书内容更多、更丰富，妆前调整 ＋ 轻透底妆 ＋ 升级眉、睫变化 ＋ 腮红修容，一次到位的全方位秘技，佐以详细的步骤示范照片及文字解说来教你如何设计出动人彩妆的方法，就是要你比别人更亮眼！不要羡慕明星、艺人、模特拥有如芭比娃娃般的妆容，因为你也可以！全方位彻底补充"美丽电力"，让无瑕妆容为你带来一整天的好心情。

　　正确的遮瑕方式 ＋ 修容技巧 ＋ 无敌"电眼"秘招 ＋ 性感嘟唇秘密 ＝ 让男生都心动的心机妆容。准确掌握化妆技巧，你也能轻松拥有整形般的彩妆魔法。爱美的你，读完本书后，立马来试试吧！

　　本书特别收入以彩妆技巧来表达喜、怒、哀、乐之感的变妆秀，透过眼彩及唇彩的微变化，就如同魔法师手上的魔杖般，教你拥有令人羡慕的彩妆魔法，同时提高自己的彩妆技能。

造型编辑小组

目录 contents

彩妆应用的跨世代 part 4

附录 part 5

part 1

彩妆工具介绍

传统彩妆简介

根据考古学家推测，早在 6000 年前，古埃及人已开始使用有香味的油来掩盖身体的气味。考古学家推测古埃及人因身处在炎热、干燥的沙漠地区，所以利用植物油、橄榄油、芝麻等制造出适合干燥气候使用的药膏，涂抹于脸部，来降低阳光及风沙的伤害。另外，他们将铜矿石、孔雀石磨成粉状，涂抹在眼睛周围，勾勒出眼眶的线条，是最初的眼线雏形；他们还利用一种名为"指甲花"的植物萃取出该植物的色素，涂抹在双唇、双颊及指甲上，对他们而言，将自身打扮的光鲜亮丽是亲近神最好的方式。

公元前 300 年，希腊人和中国人开始讲求肌肤色彩，中国妇女利用糯米粉及铅粉涂抹在脸蛋上，希腊女人则使用植物色素涂抹两颊。尔后，中国人还利用鸡蛋、蜂蜡、树脂等制作出各式的指甲颜色。依社会阶层，不同颜色代表不同的社会阶层与地位，王宫贵族们的指甲上喜欢涂上黄色、银色，平民百姓的指甲上则不能涂上任何颜色。

公元前 254—公元前 184 年，有罗马哲学家写道：一个女人没有化妆，就如同无盐的食物一般。1 世纪，罗马人广泛使用化妆品，尤其到了中世纪的欧洲，苍白的皮肤更是财富的象征，连英国女王伊丽莎白一世也是知名的爱用者，但因当时的化妆品原料，大多以铅和汞等有毒物质制成，使得许多人开始葬送生命，渐渐走向死亡。英国查理二世在位期间，开始出现浓妆，打破了一直以苍白妆容为流行的社会风尚，但也引来许多批评声。1770 年，英国议会通过了一项法律"谴责口红"，指出女人化妆是勾引男人的巫术，严禁女人涂抹口红，触犯者将被判刑。维多利亚女王也公开宣布化妆是不礼貌的行为，化妆品开始遭人唾弃，失去了市场，只有当时的演员和妓女才会使用。

1800 年，人们开始发现化妆品原料是使得许多人断送生命的元凶之一，化妆品在这一时期一度被禁用。直至 1900 年，化妆品又开始渐渐被人使用，但仍然被视为违法，唯一能被接受的只有自然的肌肤色调及红润的双颊。1909 年，伦敦的某家百货公司，公开销售化妆品，这显示使用化妆品已是全面合法的行为，到第二次世界大战前，化妆品在西方已普遍使用，直至今日，化妆品已是许多女性必备的用品。

传统彩妆工具

圆形化妆海绵

功能：
将粉底液或蜜粉均匀地涂抹于全脸，通常使用于面积较大的部位，另外也可用来当作洗脸海绵使用。

方形化妆海绵

功能：
除了可将粉底液或蜜粉均匀地涂抹于全脸之外，海绵的四个角也可针对脸部较细致的部位做修饰。

圆柱形化妆海绵

功能：
可用来推匀粉底、上腮红，或用来修饰眼睛及唇部四周。

葫芦形化妆海绵

功能：
海绵顶端可用来修饰脸上较细致的部位，底部则可用来压粉定妆，可使妆容略带苹果光。

扇形化妆海绵

功能：
可推匀粉底、上蜜粉，以及用来修饰脸部较细致的部位。

梯形化妆海绵

功能：
除了可以用来大面积的上粉底及压粉之外，海绵的八个角都可以充分用来涂匀脸上较细致的部位，例如眼周、唇围及细纹。

蜜粉扑

功能：
用来上蜜粉以及定妆使用，可使底妆更服帖。

化妆棉

功能：
可用于卸妆，搭配化妆水擦拭，有再次清洁肌肤的作用。

棉花棒

功能：
就彩妆用途而言，可拭去眼线或晕染眼影等。

修眉刀

功能：
用来剃除脸上或身上杂毛，较常用来修饰眉毛。

妆用剪刀

功能：
用来修剪眉毛或假睫毛。

睫毛夹

功能：
用来夹翘真、假睫毛。

修眉剪

功能：
用来修剪眉毛。

睫毛胶

功能：
用来将假睫毛固定在眼皮上。

双眼皮贴带

功能：
用于粘贴出双眼皮褶痕，可依自己眼睛的长度与宽度做剪裁。

调和板

功能：
用来混合粉底或其他彩妆品。

挖棒

功能：
用来挖取彩妆用品或保养品，也可用来搅拌化妆乳、胶、膏。

双面双眼皮贴

功能：
用于粘贴出双眼皮褶痕。

假睫毛

功能：
用于眼部彩妆，使双眼
更大、更加有神。

按压棒

功能：
粘贴双眼皮贴时，做细部调
整的辅助工具。

烫睫毛器

功能：
增加睫毛卷翘，维持睫毛卷翘度。

眉梳

功能：
修整梳理眉毛的工具或梳开
被睫毛膏粘在一起的睫毛。

螺旋眉刷

功能：
刷匀眉毛或梳开被睫毛膏粘
在一起的睫毛。

拔眉夹

功能：
拔除杂毛或用来做辅助
的工具。

眼影棒

功能：
用于涂抹眼影，也可用
于画眼线。

1. 唇刷
2. 眼影刷
3. 眼睑刷
4. 遮瑕刷
5. 眉刷

功能：
1. 蘸取唇膏、口红，涂抹于唇部。
2. 蘸取眼影粉，刷拭在眼窝与上眼皮部位。
3. 蘸取眼影粉，刷拭于眼褶与眼睑部位。
4. 蘸取遮瑕膏，刷拭于眼睛下方或鼻子周围欲遮瑕的部位。
5. 用于描绘眉毛。

1. 腮红刷
2. 蜜粉刷
3. 余粉刷
4. 修容刷
5. 粉底刷

功能：
1. 蘸取腮红，刷拭在两颊部位。
2. 用来轻刷蜜粉定妆或刷去多余的浮粉。
3. 能辅助刷除多余眼影，或修饰蘸染过多化妆品的部位。
4. 蘸取修容粉，涂刷于欲修饰的部位。
5. 用于涂刷粉底，粉底刷涂刷出来的底妆，较为透、亮。

传统彩妆材料

眼线液

功能：
描绘眼睛外眶，
强调眼形线条，
使眼睛更加深
邃，也可描绘
细线条且不易
晕染。

睫毛膏

功能：
通常分为纤长型
与浓密型两种，
主要用于修饰睫
毛。

染眉膏

功能：
用来将眉毛染
色。

眼影

功能：
在眼皮上或眼睛四周上色，
使整体妆容更显时尚感。

眉笔

功能：
强调眉毛线条与轮
廓。

防水眉笔

功能：
强调眉毛线条与轮
廓，具有防水性且不
易脱色。

粉底液

功能：
均衡肌肤底色，
可遮盖毛孔、
斑点。

隔离乳

功能：
修饰、改变肤色。

洗面乳

功能：
清除化妆品、
老废角质和防
止毛孔阻塞。

化妆水

功能：
二次清洁、软化角质、
调整肌肤 pH 值等功
效。

乳液

功能：
可补充水分、滋
润皮肤。

卸妆乳

功能：
卸除彩妆，清除
污垢。

去角质凝胶

功能：
去除全脸老废角质。

鼻头去角质凝胶

功能：
去除鼻头老废角质。

眼唇卸妆液

功能：
专用于卸除眼彩
与唇彩。

唇蜜

功能：
使唇部饱满、水润，
并修饰唇纹。

口红

功能：
增加唇部色泽
或改变唇部颜
色。

腮红饼

功能：
用来凸显、衬托脸部
及修饰脸颊的彩妆品。

腮红膏

功能：

用于定妆前，如同涂抹粉底液一般，可使妆容更显自然。

腮红霜

功能：

用于脸部双颊，使肤色更显出好气色，其质地柔软好推又显色。

蜜粉

功能：

使用于底妆完成后，维持妆容。

黄色饰底乳

功能：

针对脸部毛孔或小斑点瑕疵做修饰，也能让肤色匀称。

粉色饰底乳

功能：

提升气色，制造红润感，需注意使用量，以免肤色过红。

绿色饰底乳

功能：

修饰因长痘痘或过敏而泛红的肌肤。

粉底膏

功能：

遮瑕效果好，可做局部遮瑕或全脸上妆，底妆持久不易脱妆，但妆感较显浓厚。

修容饼

功能：

专用于修饰脸颊、颧骨或 T 字部位。

5 色遮瑕膏

功能：

因脸部不同状况而选用不同颜色来做局部修饰。

妆前隔离乳

功能：

妆前打底产品，使底妆更服帖、持久。

眼线胶

功能：

描绘眼睛外眶，强调眼形线条，使眼睛更加深邃，质地较细腻、防水、速干、持久。

眼线笔

功能：

用来加深与突显眼部彩妆的效果。

眉粉

功能：

补足眉毛颜色或强调眉形轮廓。

美容液

功能：

质地稍微浓稠，作用介于调理和护肤之间。

精华液

功能：

依其不同的性质，可分为美白、保湿、抗老等效能。

粉底霜

功能：

可均衡肌肤底色，可遮盖毛孔、斑点，打造出光滑细致的妆容。

喷枪彩妆简介

第一支喷枪制造于 1876 年的马萨诸塞州，由斯坦利和他的双胞胎弟弟发明，起先只是用于喷洒感光板涂料。之后，一位名叫"皮勒"的艺术家，发明出第一组命名为"喷枪"的油画工具，当时的空气压缩机还是手动的呢！在 1879 年，搭配脱皮机的喷枪运用于珠宝商的车间。4 年后一间名为"自由女神沃尔克普"的公司开始销售带脱皮机的喷枪。同年塞耶和钱德勒在哥伦比亚世界博览会中，展示第一支现代喷枪及其运作方式，类似于现代油漆喷雾器的雏形。1922 年喷枪彩妆技术首次运用于电影中的演员化妆上。

尔后，喷枪彩妆在彩妆界渐渐崭露头角，由于喷枪喷出的色彩可以控制得非常细致且精准，使流行舞台上的模特一个个都有如"陶瓷娃娃"般的美丽肤质。在一些亮度要求较高的色彩表现上，传统的彩妆很难将这些色彩完美地表现在肌肤上；如果色彩上得太重，就会显得极度不自然并且容易脱妆，喷枪彩妆的化妆方式能解决这些问题。因喷枪内部设计不同，再搭配运用合适的空气压缩机（空压机），可使彩妆喷出的范围更加广泛与轻柔，不会因气体过于集中，而造成身体的疼痛。

喷枪彩妆这项彩妆技术在国外早已盛为流行。美国、日本、韩国等国家电视节目已开始使用高画质器材录制、高画质电视收看，比传统电视画面更清晰，同时也造成画面中主播或演员脸上的细纹甚至斑点清楚地呈现在荧光幕面前。当观众们在欣赏节目时，就像拿着放大镜观看他们皮肤上的所有细节。因此，为了应对高画质时代的来临，化妆师们纷纷开始使用喷枪来上妆，让皮肤呈现无痕、薄透的自然妆感。相较于传统彩妆，为遮盖脸上的瑕疵而花费许多时间，喷枪彩妆的确省时很多。

喷枪彩妆搭配的颜料基本上可分为亲水性、防水性、酒精性和其他类型四种。各种不同的颜料，有其不同的特性，可依需求挑选使用。喷枪彩妆的特点是可在短时间内打造出陶瓷般的美肌，使肌肤晶莹无瑕，也可运用在艺术彩妆及完成大面积色彩效果方面。喷枪彩妆在现今是流行趋势，在未来必定会与传统彩妆抗衡。

喷枪彩妆材料与工具

亲水性喷枪溶液

功能：

适合脸部、身体、头发彩绘及短时间着妆，以清水或洗面乳即可洗净。

防水性喷枪溶液

功能：

可替代一般化妆品上妆，以一般卸妆品即可洗净。

其他类型喷枪溶液

功能：

可替代一般化妆品上妆，以一般卸妆品即可洗净。

酒精性喷枪溶液

功能：

适合 8 小时以上长效持妆，需用专用的清洁液才能卸净。

暂时刺青颜料

功能：

专为"暂时刺青"或"持久彩绘"设计。

暂时刺青完稿胶

功能：

针对刺青颜料使用的产品，可增强表面耐磨性。

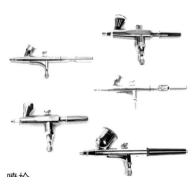

喷枪

功能：

将喷枪溶液喷洒出的辅助品。

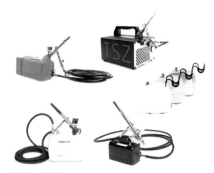

空气压缩机

功能：

将空气经马达压缩后再排出。

part 2

好运彩装
打造完美妆容

好运彩妆

好运彩妆完整步骤

1. 保养

重　　点：让肌肤保持弹性有光泽，并显出好气色。

不同年龄层：

少　　女：选择安全刀片将发际周围的杂毛去除，使整个人更显自信，若青春痘较多者，可选用较清爽的化妆品；肤质较干者，则需使用有保湿作用的化妆品。

步骤：卸妆→清洁→保湿化妆水→保湿精华液→保湿乳→隔离乳。

轻 熟 女：定时去角质及敷保湿（美白）面膜，需注意保养流程及保养品的使用方式。

步骤：卸妆→清洁→保湿（美白）化妆水→保湿（美白）精华液→眼霜→保湿（美白）面霜→隔离乳（霜）。

熟　　女：定时去角质及敷保湿（紧实）面膜（两者可轮流也可同时使用），需注意保养流程及保养品的使用方式。

步骤：卸妆→清洁→保湿（紧实）化妆水→紧实精华液→保湿精华液→眼霜→保湿（紧实）面霜→隔离霜。

❀ 小窍门（Tip）：不论是否化妆，一定要有卸妆的习惯，并且在洗脸后，马上擦上保养品。外出时一定要擦上隔离乳（霜），即便是在室内，也需使用无色的隔离乳（霜）。

2. 眉形与画眉

重　　点：眉头需柔顺有光泽且浓密适中，在工作上容易与人交往；眉毛长度则需超过眼尾。

不同年龄层：

少　　女：只需将眉毛附近的杂毛去除干净即可。

轻 熟 女：修眉毛时，眉角最好修成圆弧形，并可用染眉膏将眉色改成棕色或接近头发的颜色，让整体妆容更显柔和。

熟　女：眉毛不要修太细，要注意整体的脸形搭配及比例。

❀ Tip：眉峰带角易让人感觉较高傲。
眉色太黑在视觉上会让人有较严肃之感。

3. 粉底

重　　　点：让肌肤看起来自然轻透有光泽。

不同年龄层：

少　　　女：选择接近自己肤色的粉底液或 BB 霜涂抹全脸。

轻 熟 女：依据肌肤状况来选择保湿度较高的粉底液或粉凝霜等。

熟　　　女：在上粉底之前，需注意妆前保养，最后再选择粉凝霜或粉底膏等，均匀地涂抹全脸。

Tip：上粉底时，需注意肤色均衡与有无色块，脸部遮瑕及修饰也是不可少的。

底妆
1. 先上一层薄薄的粉底。
2. 用盖斑膏或盖斑霜遮盖脸上的斑、疤、黑眼圈等。
3. 再擦上一层粉底。
4. 以深色修容饼修饰两颊，且需注意脸颊接触线。
5. 以亮色修容饼提亮 T 字部位及 C 字部位。
6. 若是长时间在办公室的女性，可选择带一点微亮效果的黄色饰底乳，全脸肤色会看起来较均匀。
7. 若是长时间在外工作的女性，可选择带一点微亮效果的紫色饰底乳，全脸肤色会看起来明亮、粉嫩。

4. 蜜粉

重　　　点：提升脸部的光泽。

不同年龄层：

少　　　女：可使用带有一些粉红色的蜜粉或微珠光的蜜粉。

轻 熟 女：可使用带有微珠光的蜜粉。

熟　　　女：需使用无珠光的蜜粉，或带有非常细微珠光的蜜粉。

Tip：上蜜粉时，需注意肤色均衡及有无色块。

定妆　　　选择带有微珠光的蜜粉，可让肌肤带有多层次感。

提亮　　　用大蜜粉刷蘸取珠光蜜粉轻刷 T 字部位，可达到提亮的效果。

好运彩妆完整步骤

5. 眼影

重　　点：除了善用各种眼影颜色外，需注意肤色及颜色的搭配。

不同年龄层：

少　　女：可选用粉色系眼影。

轻 熟 女：可选用较亮色系的眼影或不画眼影，只画眼线。注意：较浮肿的眼睛，使用的眼影色不可太亮。

熟　　女：选用深色系或大地色的眼影。

❀ Tip：上眼影时，需注意眼影颜色不要弄脏，否则会影响整体效果。

6. 眼线

重　　点：以眼线加强眼神。

不同年龄层：

少　　女：上眼线从眼头画至眼尾，上眼线的收笔与眼尾齐或向上拉 0.1~0.2cm；可以描绘出极细的下眼线，展现出年轻、活力。

轻 熟 女：（1）上眼线从眼头画至眼尾，在眼尾 0.2~0.25cm 的位置，将上眼线往上拉长 0.2~0.3cm。上眼线可从眼头细画至眼尾加粗收尾。

（2）下眼线可用眼影（眼线笔、眼线胶）从上眼线的粗眼尾画至下眼线眼头 1/3 或 1/2 处细收尾，下眼线前 2/3~1/2 处至眼头，可上珠光白或白色眼影，以展现魅力有神的双眸。

（3）若想让眼神更有女人味，可在内眼睑上画上黑色眼线。

（4）若想让眼睛更大或画出娃娃眼，可在内眼睑上画上白色眼线。

熟　　女：（1）上眼线从眼头画至眼尾，可在眼尾约 0.2 cm 的位置，将上眼线往上拉长约 0.2cm，上眼线可从眼头细画至眼尾加粗收尾。

（2）下眼线可用眼线笔（眼线胶），从上眼线的粗眼尾画至下眼头处细收尾，让眼睛有神，且让眼睛有放大效果。

❀ Tip：四白眼和三白眼者，不建议画内眼线（如下图）。

眼睛下沉有光，黑眼珠上方露出眼白，俗称上三白眼。

眼睛上提有光，黑眼珠下方露出眼白，俗称下三白眼。

眼瞳居中，在黑眼珠四周，都有眼白露出，俗称四白眼或回白眼。

7. 睫毛

重　　点：睫毛的长度及浓密度。

不同年龄层：

少　　女：将睫毛夹翘后，以睫毛膏从睫毛根部，采用 Z 字形方式往上刷；刷下睫毛时，则需使用睫毛刷刷头蘸取少量的睫毛膏，采用 Z 字形方式往下刷。

轻熟女：将睫毛夹翘后，可戴上较自然的假睫毛，再以睫毛膏将真假睫毛刷在一起；刷下睫毛时，需使用睫毛刷刷头蘸取少量的睫毛膏，采用 Z 字形方式往下刷，或戴上 1/2 或 2/3 的下假睫毛，粘贴于下睫毛眼尾处。

熟　　女：将睫毛夹翘后，可戴上自然款的假睫毛或较短款式的假睫毛，再以睫毛膏将真假睫毛刷在一起；刷下睫毛时，则需使用睫毛刷刷头蘸取少量的睫毛膏，采用 Z 字形方式往下刷。

Tip：（1）熟女的眼皮较松弛，不建议使用浓密型的上睫毛和下睫毛，因容易使眼睛更没精神。

（2）睫毛前短后长：可让眼形更为修长。

（3）睫毛前后短，中间长：可让眼形又圆又大。

好运彩妆完整步骤

8. 腮红

重　　点：创造好气色。

不同年龄层：

少　　女：采用画圆的方式，将淡淡的桃红色或水蜜桃色腮红刷在笑肌上（上鼻翼与眼尾垂直交叉的位置）。

轻　熟　女：可选用较皮肤色泽略深的棕色或浅一点的桃橘色腮红，需比照不同脸形来做不同腮红的画法。

熟　　女：蘸取适量的浅棕色或浅橘色腮红，采用打钩的方式，从颧骨轻轻斜刷至太阳穴，主要以修正两侧脸颊下垂线条为主。

🌸 Tip：上腮红不要太多，否则会造成反效果。

腮红　脸形较长者，需从鬓角处往鼻翼方向，横刷至约眼珠中央的位置；脸形较圆者，则从鬓角处往嘴角方向，轻刷至约眼珠中央的位置即可。

9. 口红

重　　点：需使双唇更润泽、性感。

不同年龄层：

少　　女：直接选择蜜桃色或桃红色且含有光泽效果的唇蜜涂抹，即可让双唇呈现水嫩感。

轻　熟　女：搭配流行眼妆，嘴唇可选择近裸色唇蜜打底，再叠上透明唇油，可创造双唇的立体感与时尚感。

熟　　女：可先用豆沙红或其他接近的颜色描出唇形，再选用保湿度高的豆沙红或相似颜色的口红涂满，让整体妆容更显高贵端庄。

🌸 Tip：不要用暗色系或过于冰冷感的色系。

口红

1.唇底修饰

 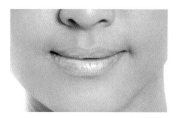

2.唇线笔描绘出唇框

3.唇蜜

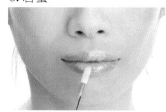 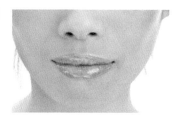

part 3

不动刀也可以这么美

微整形改造系列

微整形改造系列

国字脸
三角脸

微整形改造系列 一 国字脸

五官与肤质	特色	缺点与问题
脸形	国字脸	颧骨大、下颌骨突出
眉毛	浓眉	眉毛浓、眉形粗
眼睛	双眼皮（内双）	眼袋及眼睛四周暗沉
鼻形	长鼻	鼻翼两侧暗沉
唇形	厚唇	唇峰不明显
肤质	混合性	肤色不均、脸颊泛红、黑斑

❯ 主要修饰位置

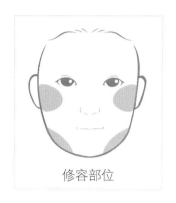
修容部位

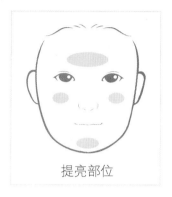
提亮部位

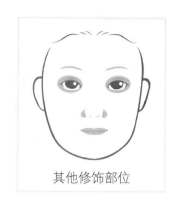
其他修饰部位

❯ 眉形修饰步骤

1
先以妆用剪刀修剪过长的眉毛。

2
再以修眉刀剃除眉毛周围的杂毛，并调整眉形。

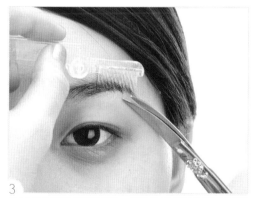

3
以眉梳为辅助梳整眉毛，并以妆用剪刀打薄眉毛浓度。

修眉前 Before

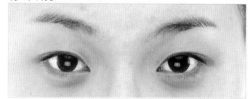

修眉后 After

❯ 遮瑕与底妆流程（传统彩妆篇）

1 以双眼皮贴调整眼睛大小（注：虽然模特已经是双眼皮，但借由双眼皮贴可将眼形调整得更好看）。

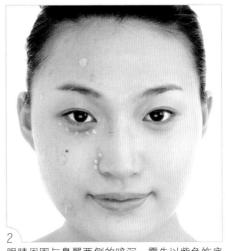

2 眼睛周围与鼻翼两侧的暗沉，需先以紫色饰底乳润色，再以深色遮瑕膏遮住脸上局部黑斑与暗沉。

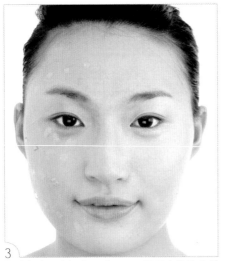

3 以浅色遮瑕膏提亮眼睛四周，再于全脸涂上粉底（注：若在化妆的过程中，脸上有出油的情况，需先以吸油面纸吸掉油分后再补上粉底，如果没有先做处理就直接补粉底，很容易造成粉底推不开的状况）。

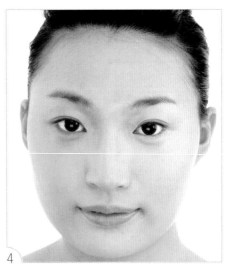

4 最后以蜜粉刷蘸取蜜粉，轻轻刷拭全脸做定妆即可。

❯ 遮瑕与底妆流程（喷枪彩妆篇）

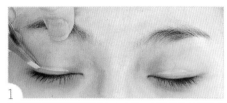

1 以双眼皮贴调整眼睛大小（注：虽然模特已经是双眼皮，但借由双眼皮贴可将眼形调整得更好看）。

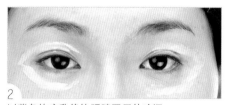

2 以紫色饰底乳修饰眼睛四周的暗沉。

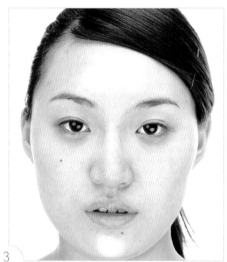

3 以珠光色饰底乳提亮额头与下巴。

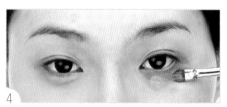

4 以深色遮瑕膏遮盖黑眼圈。

5 将已调好颜色的喷枪粉底液喷洒于全脸，最后再以深色喷枪粉底液做两颊局部修容即可。

美人心机妆

❯ 彩妆步骤图

1
以眼线笔沿上睫毛根部描绘出细眼线，让双眼更加迷人。

2
以眼影刷蘸取黑色眼影粉，涂刷于双眼皮眼褶处。

3
用睫毛夹夹住上眼睫毛根部，采用三段式方法夹翘睫毛。

4
使用纤长型睫毛膏，以Z字形方式由睫毛根部刷至末梢，重复2~3次即可。

5
将下睫毛刷上睫毛膏，使睫毛浓密、纤长。

6
先以唇笔描绘出唇形，再以唇蜜上色，最后在两颊笑肌上刷上淡淡的腮红即可。

美人心机妆

❯ 彩妆步骤图

1 以染眉膏、眉饼或眉笔来改变眉色，并勾勒出眉形。

2 先以眼线笔沿上睫毛根部描绘出一细长眼线，再沿下睫毛根部描绘2/3的下眼线，靠近眼头的1/3处则画上白色眼线作为提亮效果。

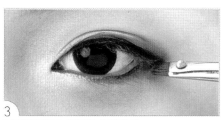

3 以眼影刷将下眼尾处的眼线晕开。

4 将睫毛夹翘后，刷上睫毛膏，再将剪好的假睫毛一株一株粘上去。

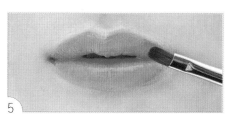

5 最后修饰唇形线条并刷上唇彩即可完妆。

传统彩妆篇
公司面试妆

眼影使用大地色，在两颊刷上腮红，营造出好气色。

喷枪彩妆篇
公司面试妆

以珠光白和灰色粉状眼影，刷拭于上眼皮至眼窝处，这样会带给人一种知性的美感，也可让双眼看起来更有精神。

再以唇刷蘸取唇蜜，刷拭双唇，使唇部饱满水润。

唯美新娘妆

珠光白搭配粉红色系的眼影组合，
让眼妆更显明亮清透。

微晕的下眼线搭配自然交叉型的假
睫毛，使双眼显得深邃且有神。

喷枪彩妆篇

唯美新娘妆

以珠光白眼影打亮眼窝前段。

搭配眼尾加长型的假睫毛，能轻松塑造出媚人的凤眼。

微整形改造系列—三角脸

五官与肤质	特色	缺点与问题
脸形	倒三角形	额头宽、下巴过尖
眉毛	稀疏无形	尾毛稀疏、无眉尾
眼睛	双眼皮（内双）	眼袋、泡泡眼
鼻形	粗又塌	鼻梁下塌、鼻头过大
唇形	下唇略厚	下唇略厚、唇线不明显
肤质	混合性	两颊及T字部位毛孔粗大、泛红、局部晒斑

❯ 主要修饰位置

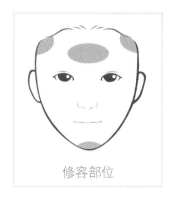

修容部位

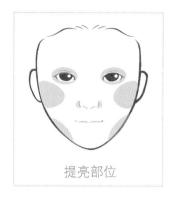

提亮部位

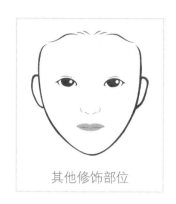

其他修饰部位

❯ 眉形修饰步骤

1

将眉毛上、下方的杂毛修除，并修出适合的眉形。

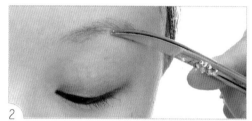

2

以美容剪刀将过长的眉毛修剪掉。

修眉前 Before

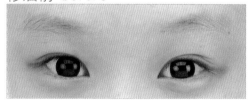

修眉后 After

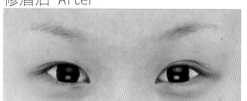

❯ 遮瑕与底妆流程（传统彩妆篇）

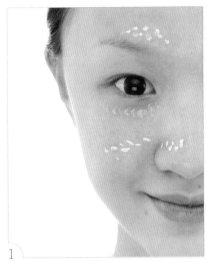

1

以绿色饰底乳修饰脸颊泛红处，再以紫色饰底乳提亮眼睛四周。

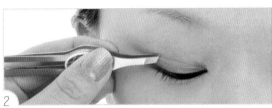

2

剪下适当弧度及长度的双眼皮贴，贴在双眼皮褶痕上，以调整两边眼形大小。

3

以深色遮瑕膏修饰眼睛四周暗沉。

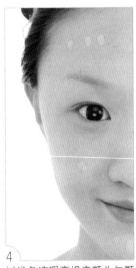

4

以浅色遮瑕膏提亮额头与颧骨部位。

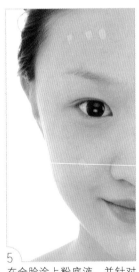

5

在全脸涂上粉底液，并针对鼻梁处涂上浅一点的粉底液，利用颜色的深浅表现脸部立体感。

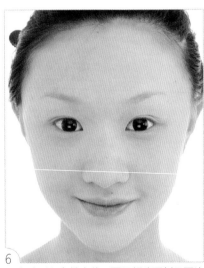

6

于全脸刷上蜜粉定妆，再于额头两侧及两边下颌处刷上修容粉做修容。

❯ 遮瑕与底妆流程（喷枪彩妆篇）

1

使用双眼皮贴调整眼形大小。

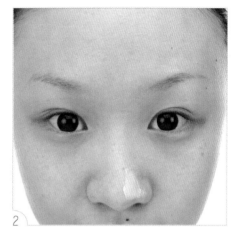

2

将绿色饰底乳涂抹于鼻头泛红的位置。

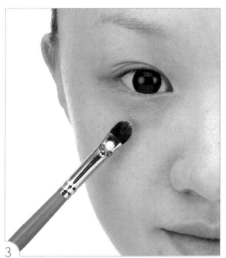

3

以深色遮瑕膏遮盖黑眼圈。

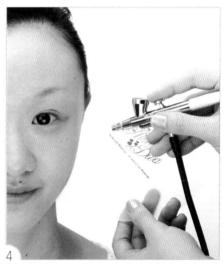

4

以遮板做辅助，将已调好的喷枪粉底液均匀地喷洒于全脸。

传统彩妆篇
美人心机妆

小叮咛：

倒三角脸形，看起来上宽下窄，所以画眉尾时，不适合角度太高的角度眉或太平的一字眉，眉峰位置需落在眼角上方，让稍长一点的眉毛来修饰脸形。

❯ 彩妆步骤图

1 以眼影棒蘸取紫色粉状眼影，涂刷于双眼皮至眼皮边。

2 以眼线液沿上睫毛根部描绘出眼线，使双眼更有神。

3 以睫毛夹夹翘上睫毛，加强上睫毛的卷翘度。

4 将上、下睫毛刷上睫毛膏，使睫毛看起来更浓密、纤长。

5 泡泡眼可选择硬的假睫毛将眼皮往上撑，会使双眼皮更明显，眼睛也会有放大的效果。

6 腮红刷以打钩的方式，将粉红色腮红刷于笑肌上，打造出红润的好气色。

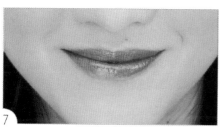

7 最后刷上粉红色唇膏后，再刷上一层透明唇蜜即可。

喷枪彩妆篇
美人心机妆

❯ 彩妆步骤图

1 以眼线笔沿睫毛根部，画出细眼线。

2 以睫毛夹夹翘睫毛。

3 以平拿睫毛刷的方式，由睫毛根部以Z字形方式往上刷，并重复刷上2~3次。

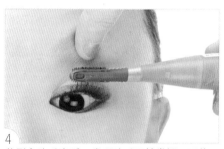

4 若刷完睫毛膏后，发现睫毛不够卷翘，可使用睫毛电卷器将睫毛烫卷（注：睫毛电卷器可使睫毛的卷翘度维持更持久）。

5 在睫毛空隙处，粘上放射状单株假睫毛，使睫毛更显浓密（注：放射状单株局部型的假睫毛，适合用来填补真睫毛不足的地方，其呈现出来的效果非常好，也非常自然）。

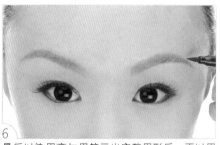

6 最后以染眉膏与眉笔画出完整眉形后，再以眉笔液勾勒出完整的眉形线条即可。

传统彩妆篇

公司面试妆

以紫色眼影来提升专业的形象，再以粉红色眼影做调和，让整个妆感既能保有自信，又不失女性该有的温柔感。

喷枪彩妆篇

公司面试妆

以眼影刷蘸取粉红色粉状眼影，涂刷于上眼皮处，再蘸取淡蓝色粉状眼影涂刷于眼窝中央。

再以金色眼线液描绘下眼头1/3处，即可完成眼妆。

传统彩妆篇

唯美新娘妆

以眼影刷蘸取紫色粉状眼影，涂刷于上眼皮处。

以眼影刷蘸取珠光色亮泽眼影，刷拭整个眼窝，使眼妆更明亮。

再以小型斜口眼影刷蘸取紫色粉状眼影，轻刷下眼睑外2/3处即可完成眼妆。

喷枪彩妆篇

唯美新娘妆

新娘的服装造型如果较为华丽,眼妆的部分则不需使用太多色彩做点缀,以免失去了重点。可运用各种不同类型的假睫毛做出不同的变化,这样不但可以让妆感看起来既迷人又多变,也不会抢了服装造型的焦点。

传统彩妆篇

专业主播妆

以深蓝色眼影打造出专业及充满战斗力的工作形象，并以小烟熏技法展现出慧黠又专业的主播形象。

小叮咛：

使用深蓝色眼影画小烟熏妆时，需注意眼妆的干净度及晕染的范围，不需画满全部上眼皮，以免眼妆看起来不干净。

传统彩妆篇
时尚烟熏妆

以蓝灰色的眼影作为烟熏的主色，可营造出甜美中带点成熟的都市感。

小叮咛：
内双眼皮睁开眼睛时，容易将大部分的眼影包住而看不到晕染的眼影，所以晕染的位置要略高一些。

时尚摄影妆

以眼影刷蘸取白色粉状眼影，打亮整个眼窝。

找出假双的位置，以黑色眼线笔描绘出假双线条，线条需前后渐层。

以眼影棒将黑色线条的四周稍做晕染，需注意线条自然。

将白色眼影刷在眉骨的位置，以增加眼妆的明亮度。

以眼线笔描绘下眼线，让眼睛轮廓更加清晰立体。

微整形改造系列

菱形脸
多角形脸

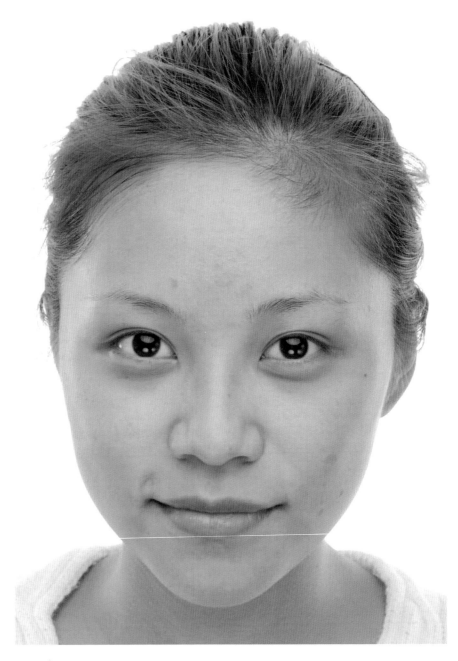

微整形改造系列 — 菱形脸

五官与肤质	特色	缺点与问题
脸形	菱形脸	额头窄、下巴尖
眉毛	稀疏	杂乱、无眉尾
眼睛	泡泡眼	有眼袋、黑眼圈及暗沉、眼下皮肤略干有细纹
鼻形	鼻头大	鼻翼两侧暗沉
唇形	标准	嘴角及上唇颜色略黑
肤质	混合性	肤色不均、有疤痕

〉 主要修饰位置

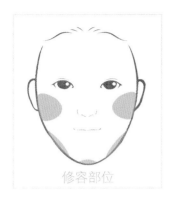
修容部位

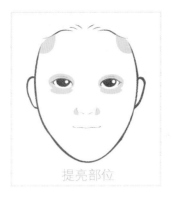
提亮部位

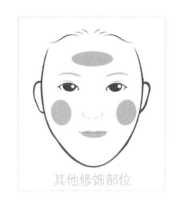
其他修饰部位

〉 眉形修饰步骤

将眉毛上、下方的杂毛修除，并修出适合的眉形。

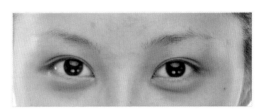
修眉前
Before

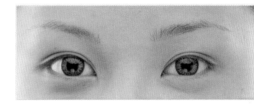
修眉后
After

〉 遮瑕与底妆流程（传统彩妆篇）

1 以遮瑕刷蘸取深色遮瑕膏，于黑眼圈及鼻翼两侧涂上薄薄的一层，再涂上薄薄的一层浅色遮瑕膏作为提亮。

2 全脸涂上较接近肤色的粉底液，再使用浅色粉底液于上额及下颌两侧做提亮修饰。

3 最后将全脸轻轻刷上一层蜜粉定妆即可。

 小叮咛：上粉底液时，在有遮瑕膏的地方上粉底液的力度不能过重。

传统彩妆篇
美人心机妆

❯ 彩妆步骤图

1
先以咖啡色眉笔画出眉峰及眉尾线条，再以眉刷将线条稍微刷开。

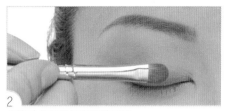

2
用浅肤色眼影打亮眼睛四周。

3
以眼影刷蘸取咖啡色粉状眼影，轻刷于上眼皮至双眼皮褶痕处，制造出眼神的立体感。

4
以黑色眼线液轻描睫毛根部，顺着眼形画出细眼线。

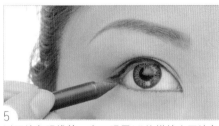

5
以豆沙色眼线笔，在下眼尾1/3处描绘出豆沙色眼线。

6
以睫毛夹夹翘睫毛。

7
将上、下睫毛刷上纤长型睫毛膏。

8
以粉橘色腮红轻刷于颧骨至发际处。

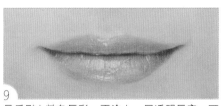

9
最后刷上粉色唇彩，再涂上一层透明唇蜜，可让唇色持久不脱妆。

传统彩妆篇

公司面试妆

将古铜金色的粉状眼影，刷在上眼皮至
眼窝处，再蘸取少许的黑色粉状眼影，
轻刷于睫毛根部，刷至眼尾1/3处。

最后涂上玫瑰色口红，更显专业。

传统彩妆篇

唯美新娘妆

在上眼皮至眼窝处刷上蓝色粉状眼影，并于上眼头1/3处刷上银白色粉状眼影，再利用眼影棒上的余粉画出下眼线，眼尾处也要刷上眼影才能与上眼线做连接。

小叮咛：
小烟熏的画法要注意晕染的干净度及两色渐层的界线不能太明显。

传统彩妆篇

夏日古铜妆

在全脸打上古铜色粉底并刷上古铜色
蜜粉定妆，再分别以眼影刷上桃红
色、黄色及蓝色的粉状眼影，营造古
铜妆的缤纷色彩。

把桃红、深蓝两色眼影刷在下眼睑
处，以放大眼神色彩，最后再刷上粉
红色腮红，使整体妆感更显活泼。

 小叮咛：

刷下眼影时，需注意上、下眼影的连贯性。

传统彩妆篇
时尚烟熏妆

以眼影棒蘸取蓝色粉状眼影，于睫毛根部向上轻刷上色，做出晕染效果，并将白色眼影刷在蓝色眼影交界处，让整体妆感干净，也让整个人都显得清亮起来。

将眼影棒上的蓝色眼影余粉从下眼尾刷向眼头处。

小叮咛：
注意渐层晕染时，要将重色放在睫毛根部。

传统彩妆篇
流行舞台妆

以勾勒技巧在眼睛周围刷上有如彩虹般的眼妆，刻意不对称的画法使得舞台上的妆感，显得俏丽活泼。

贴上羽毛装饰，使舞台效果的眼妆看起来不再是单纯华丽，而是带着轻盈的华丽感。

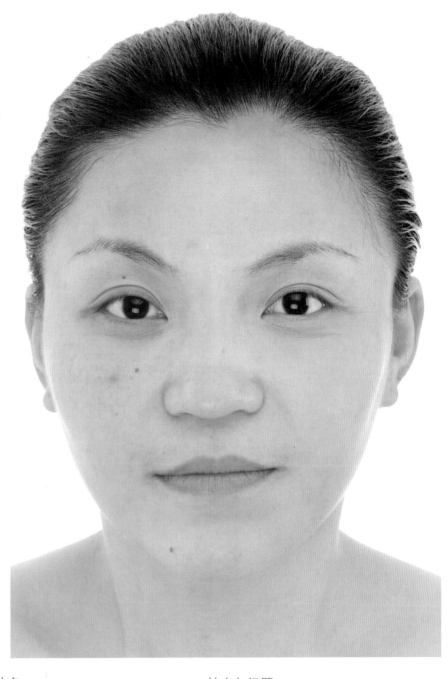

五官与肤质	特色	缺点与问题
脸形	多角	脸颊凹陷、颧骨与下颌突出
眉毛	粗眉	眉峰高低不同
眼睛	双眼皮	黑眼圈、眼睛四周暗沉
鼻形	一般	鼻头略大
唇形	一般	唇色暗沉
肤质	混合性	肤色不均、斑点、局部泛红、有疤痕

❯ 主要修饰位置

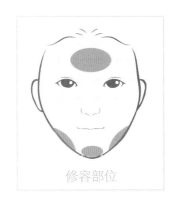

修容部位

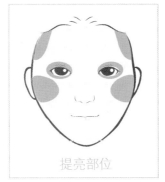

提亮部位

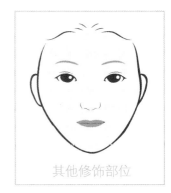

其他修饰部位

❯ 眉形修饰步骤

1

先将眉毛下方的杂毛修除。

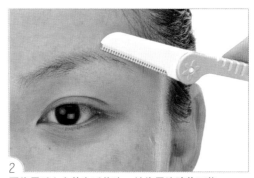

2

再将眉毛上方的杂毛修除，并将眉峰略往下修。

修眉前 Before

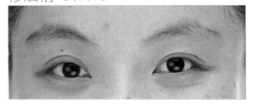

修眉后 After

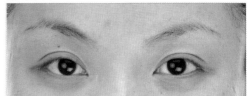

❯ 遮瑕与底妆流程（传统彩妆篇）

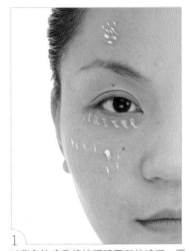

1 以紫色饰底乳修饰眼睛四周的暗沉，再以绿色饰底乳修饰脸上泛红的部位。

2 以深色遮瑕膏修饰黑眼圈，再以浅色遮瑕膏提亮肤色。

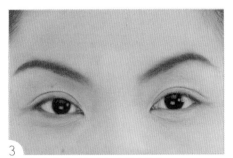

3 在山根疤痕处刷上浅色遮瑕膏修饰。

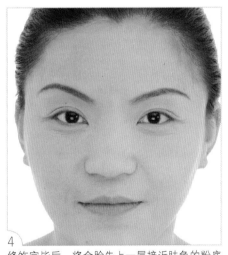

4 修饰完毕后，将全脸先上一层接近肤色的粉底液，在疤痕处轻刷一层遮瑕膏，最后上蜜粉定妆即可。

▶ 遮瑕与底妆流程（喷枪彩妆篇）

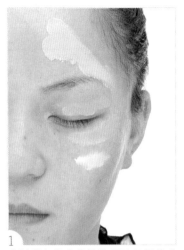

1
先以紫色饰底乳修饰眼睛周围的暗沉，再以绿色饰底乳修饰脸上的泛红。

2
以深色遮瑕膏遮盖黑眼圈。

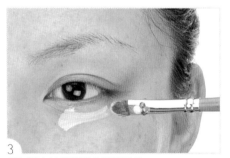

3
再以浅色遮瑕膏提亮眼睛四周。

4
以深一色的肤色喷枪溶液，均匀喷洒于颧骨、下颌及额头两侧，作为修容，最后再以浅一色的肤色喷枪溶液均匀喷洒全脸即可。

传统彩妆篇

美人心机妆

❯ 彩妆步骤图

1
先以眉笔勾勒出眉峰及眉尾的位置，再以眉刷蘸取眉粉，将线条晕开。

2
以眼影刷蘸取亮色眼影，打亮上眼皮至眼窝处。

3
以眼影棒蘸取咖啡色粉状眼影，均匀地涂刷在双眼皮处，塑造双眼的立体感。

4
以黑色眼线液沿着上睫毛根部，描绘出一条细眼线。

5
利用眼影棒上的咖啡色余粉，晕染黑色眼线及加深睫毛根部的咖啡色眼影（注：将眼线稍加晕开，是为了让眼神看起来更加柔和，也可加强眼睛立体感）。

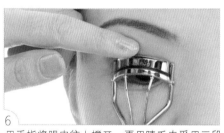

6
用手指将眼皮往上撑开，再用睫毛夹采用三段式夹翘睫毛。

7
以纤长型打底睫毛膏，由睫毛根部刷至末梢。

8
再使用浓密型睫毛膏，以Z字形方式由睫毛根部刷至末梢，并重复2~3次。

9 以刷头较细的睫毛膏，采直向方式刷下睫毛。

10 以咖啡色眼线笔，沿下睫毛根部描绘出下眼线。

11 选择自然款的交叉型假睫毛，粘贴于上睫毛根部，使眼睛更加立体有神。

12 先以唇线笔描绘出唇形边缘，再涂上红色唇膏，增加好气色。

13 将腮红刷持45°，轻刷于两侧笑肌上。

14 再以修容刷蘸取修容粉，从耳边刷至下颌做修容，最后再以蜜粉定妆即可。

喷枪彩妆篇

美人心机妆

在眼窝2/3处使用鹅黄色眼影、1/3处
使用浅绿色眼影，再以珠光白打亮眼
头，制造出最精彩的效果，最后加上
自然款的浓密交叉型假睫毛，可以让
整个眼妆看起来既明亮又深邃。

传统彩妆篇
公司面试妆

以带点光泽感的深色眼影，让要去面试的你，看起来既成熟稳重又不失都市时尚感，而选择明亮的口红颜色，可为你增添几分自信的成熟美。

喷枪彩妆篇
公司面试妆

烟熏妆的画法不一定局限于黑与白、浓与厚，多色混搭加上眼线与各种类型假睫毛的运用，正是近几年所流行的轻烟熏。

传统彩妆篇
唯美新娘妆

在新娘的妆容里，有80%的重点都
在眼妆，除了眼影的搭配很重要之
外，假睫毛的选用更有画龙点睛的
效果。

紫色眼影是最常被拿来使用的颜色
之一，如果另外再加上带有细致珠
光感的眼影，更能充分发挥紫色眼
妆的神秘浪漫感。

戴上浓密型假睫毛，除了可让整个
妆感都聚焦在眼部外，也可利用假
睫毛的硬度来支撑眼皮，让双眼变
大且"放电"效果十足。

戴上浓密型的假睫毛，会看起来上
眼较下眼重，因此可利用眼线刷将
下眼线微微晕染。

传统彩妆篇
时尚烟熏妆

以眼影刷蘸取深色眼影后，从睫毛根部轻轻由下往上做渐层式晕染，以眼线笔描绘出较粗的眼线线条，再利用黑色眼影叠在眼线上，将眼线稍做晕染后，可加强眼妆的层次感。

◢ 小叮咛：
做渐层式晕染时，要注意眼妆的干净度，以免让妆容呈现出不干净或是有色块的感觉。

传统彩妆篇
流行舞台妆

舞台的妆容最大的重点在于大胆地用色及极具夸张效果的脸部装饰，因此在使用眼影时，可将眼影做大面积的晕染，并且延伸至下眼线。

在眼妆上增加附有羽毛造型的假睫毛，加上特殊造型的贴饰贴于眼妆外围，除了可增加线条华丽感之外，也让整个舞台妆效果更显丰富。

圆形脸
瓜子脸

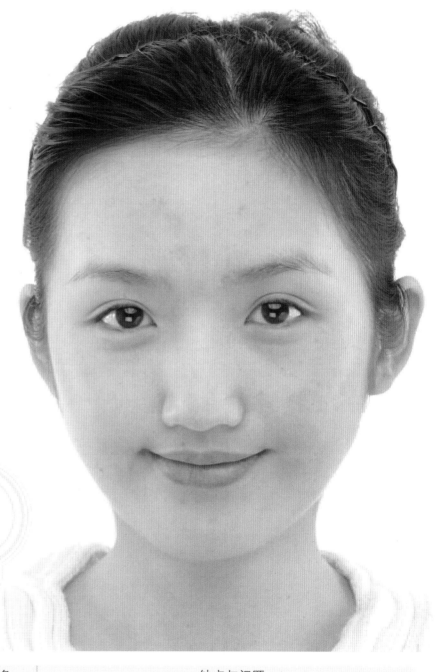

微整形改造系列——

圆形脸

五官与肤质	特色	缺点与问题
脸形	圆形	脸颊宽
眉毛	浓眉	眉形粗
眼睛	双眼皮、圆眼	黑眼圈、两侧眼角不对称
鼻形	短鼻	鼻梁不明显
唇形	厚唇	下唇两侧大小不一致
肤质	混合性	毛孔粗大、额头疤痕、局部泛红、肤色不均

> ## 主要修饰位置

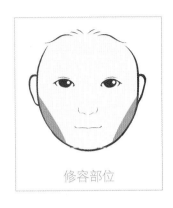
修容部位

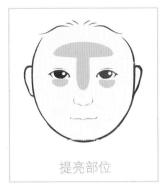
提亮部位

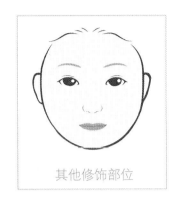
其他修饰部位

> ## 眉形修饰步骤

以妆用剪刀修剪过长的眉毛。

修眉前 Before

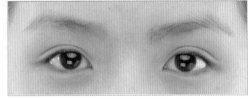

修眉后 After

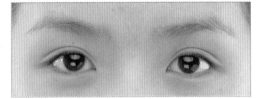

❯ 遮瑕与底妆流程（传统彩妆篇）

1　剪下适当宽度的双眼皮贴，并贴于眼褶上，以调整眼睛的大小及弧度。

2　再贴上第二层双眼皮贴，有助于调整眼形。

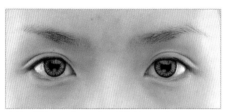

（注：原先双眼的双眼皮，厚薄度不一致）

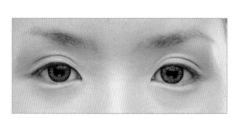

（注：调整后，双眼的双眼皮厚薄度呈一致）

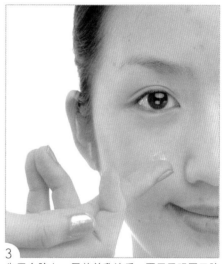

3　先于全脸上一层妆前乳液后，再于黑眼圈及脸部暗沉处涂上一层紫色饰底乳，达到修饰及提亮效果。

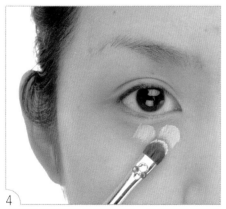

4　将深色遮瑕膏涂抹于黑眼圈、脸部暗沉及额头的疤痕上，再覆盖上一层薄薄的浅色遮瑕膏。

5　先将全脸涂上一层接近肤色的粉底液之后，最后再将蜜粉轻拍于脸上定妆即可。

❯ 遮瑕与底妆流程（喷枪彩妆篇）

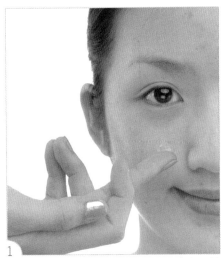

将全脸涂上一层妆前乳液，不仅具有保湿效果，更可使底妆更服帖，且不易脱妆。

以深色遮瑕膏遮盖黑眼圈。

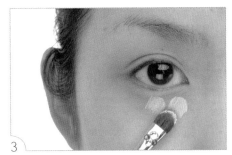

再以浅色遮瑕膏提亮眼周暗沉。

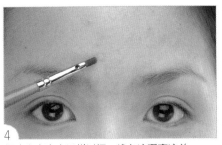

额头上痘痘也同样以深、浅色遮瑕膏遮盖。

最后将已经调好颜色的喷枪粉底液均匀地喷洒于全脸即可。

传统彩妆篇
美人心机妆

❯ 彩妆步骤图

1 以眼影刷蘸取亮肤色眼影，均匀涂刷整个眼窝，使眼窝看起来明亮、干净。

2 以眼线液沿上睫毛根部，画出一条细眼线。

3 将睫毛夹口靠近睫毛根部，采用三段式方式夹翘睫毛。

4 刷上浓密型睫毛膏，制造出睫毛的浓密感与定型睫毛的卷翘度。

5 以腮红刷蘸取粉红色腮红，以画圆的方式轻刷于两侧颧骨，再利用余粉往斜角45°的方向轻刷。

6 以咖啡色眉笔勾勒眉峰与眉尾的位置。

7 再以眉刷蘸取眉粉刷至眉头，使眉形线条更显柔和。

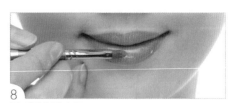

8 最后刷上唇膏即可。

美人心机妆

❯ 彩妆步骤图

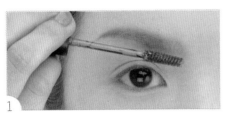

1 眉头采用由下往上的方式刷上染眉膏。

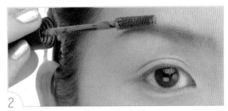

2 眉峰至眉尾则顺着眉流往后刷。

3 再以螺旋眉刷顺着眉流梳整眉毛。

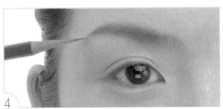

4 眉尾若较稀疏，可用眉笔于眉尾处补上眉尾线条。

5 用手轻轻将上眼皮拉开，在靠近内眼睑处，以眼线笔画出黑色眼线。

6 以眼线液顺着步骤5的眼线线条，再画上一层眼线（注：眼线不宜画太粗，以免抢了妆容的主题）。

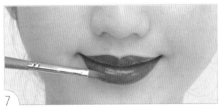

7 上唇彩时，建议唇形以微笑形状最为好画，并以唇刷作为上唇彩时的辅助工具，以免弄脏唇形线条。

 小叮咛：

红色唇彩非常挑唇形，唇形不佳的人尽量避免使用这种非安全性色彩。在使用时也尽量避免直接将口红涂抹在嘴唇上，因为容易使唇妆脏掉。

传统彩妆篇

公司面试妆

圆形脸给人可爱的感觉，因此可以选择带点金属光泽的大地色及古铜色眼影，再利用一点黑色眼影来取代眼线，最后再刷上睫毛膏，便能轻松打造出专业的形象。

喷枪彩妆篇

公司面试妆

面试时，除眼妆不宜太夸张之外，唇彩的颜色也不能太过艳丽；粉橘色调的口红除了呈色效果极佳之外，也让整体的气色及妆容更加分。

传统彩妆篇
唯美新娘妆

将甜甜的粉红色眼妆，融入些许浅棕色彩，再刷上带有喜气的腮红，充分调和了甜美的女孩味与轻熟女的优雅姿态，也让可爱的你更显几分待嫁新娘的娇柔气息。

唯美新娘妆

因模特的右眼较左眼下垂，因此除了加强眼尾的眼线之外，尖尾型的假睫毛也是很好地调整眼形的辅助品。

传统彩妆篇

流行舞台妆

小叮咛：

画下眼线时，眼尾处线条可略为
画宽；而画往眼头时，线条则需
渐渐画细，这样呈现出来的线条
较显自然。

将银灰色粉状眼影打在整个上眼皮
处，再刷上黑色粉状眼影做渐层晕
染，再以眼影棒上的余粉刷往下眼
线处。

以相同眼影色的彩绘颜料，沿着眼
尾勾勒出造型线条后，再贴上水
钻。

在假睫毛上贴造型假睫毛，能为整
个舞台造型加分。

喷枪彩妆篇
专业主播妆

以浅绿色眼影刷拭在眼窝2/3处，
并在眼尾处叠上深咖啡色眼影做晕
染。这样的眼妆搭配，让整体看起
来既专业又不失距离感，再加上局
部加强款的假睫毛，不仅能让眼形
有拉长的效果，也让双眼看起来更
加深邃迷人。

传统彩妆篇

时尚烟熏妆

以眼影棒蘸取黑色眼影粉,在眼窝处画上倒钩线条,再将余粉直接晕染至下眼线。

小叮咛:

烟熏妆一定要画下眼线,才不会有头重脚轻的不协调感。另外,在画完下眼线后,可以先用棉花棒将下眼线稍微晕开,再叠上黑色眼影粉,不但可以使下眼线持久不脱妆,更可以增添几分时尚感。

传统彩妆篇
时尚摄影妆

摄影妆最常使用的颜色有黑、
白、灰及咖啡色四种，而在画
上、下眼线时，线条与角度都要
对称。

以眼影棒将上眼线延伸至下眼线
时，要注意线条的顺畅，不可有
参差不齐的现象，否则会让眼妆
看起来不干净。

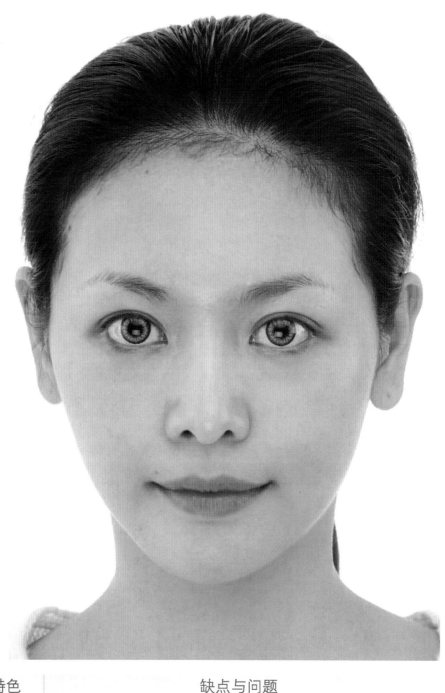

五官与肤质	特色	缺点与问题
脸形	瓜子脸	
眉毛	标准眉	两侧眉毛形状不一样
眼睛	双眼皮	泡泡眼、眼睛四周暗沉、黑眼圈
鼻形	长鼻	鼻翼两侧暗沉
唇形	标准	
肤质	中性	肤色不均、鼻头毛孔粗大

❯ **主要修饰位置**

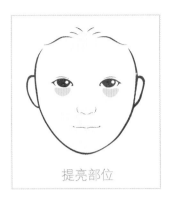

提亮部位

❯ **眉形修饰步骤**

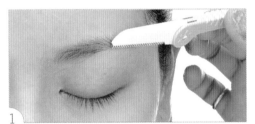

1
将眉毛下方的杂毛修除并修出眉形。

2
将眉毛上方的杂毛修除。

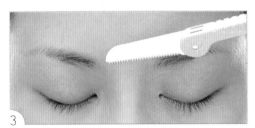

3
将眉心的余毛修除干净，可使鼻梁看起来更挺、更立
体。

4
以螺旋式眉刷将眉头的眉毛往上刷，眉峰至眉尾的眉
毛则往后刷顺。

5
最后以修眉剪将过长的眉毛修剪掉即可。

修眉前 Before

修眉后After

❯ 遮瑕与底妆流程（传统彩妆篇）

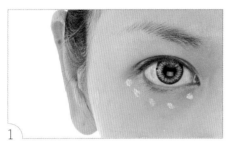

1
在眼睛下方涂上紫色饰底乳提亮及修饰眼睛四周暗沉。

2
在全脸涂上接近肤色的粉底液。

3
以双眼皮贴调整两边眼睛大小。

4
分别以深色遮瑕膏遮盖黑眼圈，再以浅色遮瑕膏来做提亮。

5
最后将全脸刷上蜜粉做定妆即可。

❯ 遮瑕与底妆流程（喷枪彩妆篇）

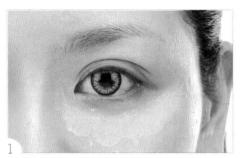

1
在眼睛下方涂上紫色饰底乳修饰黑眼圈。

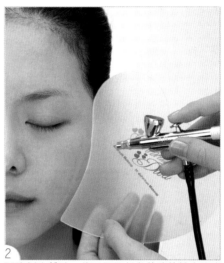

2
以遮板为辅助，将已经调好色的喷枪粉底液喷
洒于全脸。

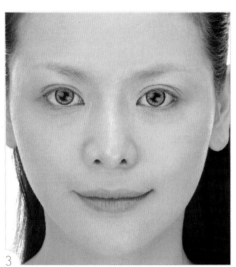

3
使用喷枪粉底液打出来的底妆，看起来不但自然
且呈现出有别于传统底妆的光泽度。

 小叮咛：

喷枪的设计本身就有气枪的功能，因此边喷洒粉底时，也可边吹干粉底液，不必担
心喷完底妆后，还需花时间等待粉底干掉。

传统彩妆篇

美人心机妆

❯ 彩妆步骤图

1 用黑色眼线笔描绘上眼线，以增加眼神的锐利度。

2 以黑色眼线笔从下眼尾向前画至下眼线1/2处。

3 用睫毛夹采用三段式来夹翘睫毛。

4 刷上睫毛膏定型睫毛卷翘度。

5 不要忘记下睫毛也要刷上睫毛膏，这样才能使眼睛呈现又圆又大的效果。

美人心机妆

❱ 彩妆步骤图

1
刷染眉毛的方式和梳整眉毛一样，需先刷染眉头后再由眉峰刷往眉尾。

2
以斜口眼影刷将画好的上、下眼线，在眼尾处稍微刷晕开来。

3
将眼窝刷上淡黄色眼影，再以珠光白点亮眼头。

4
最后刷上纤长型睫毛膏，即可完成眼妆部分。

小叮咛：
选择染眉膏需要考虑肤色以及想呈现出来的妆感效果。

传统彩妆篇
公司面试妆

在上眼皮至眼窝处涂抹上银白色霜状眼影，再画上细线条眼线，并搭配自然型的假睫毛，不但让双眼看起来明亮又颇具时尚感。

喷枪彩妆篇
公司面试妆

面试妆的眼影不宜太过夸张，假睫毛的种类也必须慎选，适当的假睫毛可以让眼睛看起来更有精神。

传统彩妆篇
唯美新娘妆

以小烟熏的画法，画上银灰带紫色的眼影，并于眼窝处做渐层。

刷上蜜桃色腮红及橘红色口红，让整个妆感显出好气色，甜美且喜气。

喷枪彩妆篇
唯美新娘妆

新娘妆在打底时，除了皮肤修饰外，局部的打亮也是相当重要的。

以造型模板做辅助，喷枪可随意且快速地在脸上喷绘出各种可爱、漂亮的图形。

传统彩妆篇

专业主播妆

在眼窝处刷上蓝灰色眼影，以冷色系眼影来突显主播的稳重魅力与专业的形象。

喷枪彩妆篇

夏日古铜妆

将调配好颜色的喷枪粉底液，以喷枪喷洒于全脸，喷洒时最好一层一层喷上，以免在脸上产生局部色块。

小叮咛：

古铜妆的重点在于粉底色的运用，可以选择将粉底色调配至比原来肤色深1~3号，粉底色的深浅也决定古铜妆所呈现出来的效果。

时尚烟熏妆

刷上紫色眼影于上双眼皮至眼窝处，再以渐层方式轻轻向上、向后刷开，并将带有珠光感的淡紫色眼影刷在眼头1/3处。

将紫色眼影晕染至下眼线处。

传统彩妆篇

流行舞台妆

小叮咛：

舞台的妆感通常属于较夸张的类型，也可以是创意性质，因此在眼妆的部分不必刻意画对称。

将金色的眼影粉刷满整个上眼皮，再将绿色眼影涂抹在眼尾1/2处，并向后延伸。

以金铜色眼线液画出造型线条。

带上浓密型假睫毛以增加舞台妆的立体效果，最后需补上眼线液，让假睫毛与眼妆更显一致性。

part 4

彩妆应用的跨世代

彩妆应用的跨世代

喜

彩妆重点 🖌

笑容是人类与生俱来的本能，彩妆师将"喜"的妆容着重在唇部，以鲜艳的红色让女人的性感武器——双唇，增添神秘与优雅气息，如同一朵娇艳欲滴的鲜红玫瑰般，更加突显喜悦的氛围。

彩妆步骤 🎨

1 以粉底刷蘸取粉底膏，从脸部中央向外侧，顺着肌肤纹理刷上粉底。

2 以粉底海绵轻轻地将粉底均匀涂抹全脸（含嘴唇部分），使粉底更服帖、更持久。

3 以蜜粉刷蘸取蜜粉轻轻刷拭脸蛋，作为定妆。

4 以眼影刷蘸取少许珠光眼影蜜，并涂抹于双眼皮上。

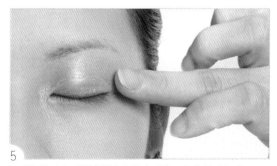

5 用手指将珠光眼影蜜轻点至整个眼窝，作为基础打底。

6 以眼影刷蘸取珠光色粉状眼影打亮眉骨。

彩妆步骤 ⬭

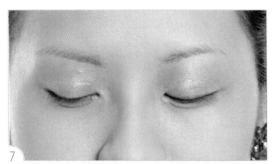

7
双眼打底完成。

8
以眼影刷蘸取金色粉状眼影。

9
以蘸取金色眼影的眼影刷，由眼尾开始，在上眼皮处向眼头慢慢涂抹，涂抹的宽度需配合眼球弧度。

10
以眼影刷蘸取黑色粉状眼影。

11
以蘸取黑色眼影的眼影刷，由双眼皮1/2处刷往眼尾，并将范围向后延伸。

12
以眼线笔沿着上睫毛根部描绘出细眼线，需补满睫毛空隙。

13

眼睛往下看，以适合自己眼形的睫毛夹，慢慢地从睫毛根部往上夹翘。

14

将睫毛膏以Z字形方式，由睫毛根部刷往末梢，需反复多刷几遍。

15

取纤长型假睫毛，依照眼形大小裁剪出合适的长度后，再涂上专用的睫毛胶。

16

待睫毛胶半干时，再将假睫毛与真睫毛根部中间对齐，确认前后位置后再粘贴。

17

再次刷上睫毛膏，使真、假睫毛更加贴合（小叮咛：勿用Z字形刷法，以免使假睫毛移位）。

18

以睫毛夹同时夹翘真、假睫毛，可以增加两者的紧密度。

彩妆步骤

19
以眼线笔描绘下眼尾1/3处。

20
以眼影刷蘸取黑色粉状眼影，刷拭下眼线至2/3处。

21
以夹子取2~3株的单株假睫毛，涂上睫毛胶并待半干后，粘贴于下眼尾真睫毛根部上。

22
以眼影刷蘸取少量晶钻亮粉，轻点在眼头处。

23
以眉笔从眉峰处开始画，再逐步往前推，使眉毛呈现出自然的形状。

24
眼睛妆容完成。

25 做出微笑表情，以腮红刷蘸取腮红，用画圆的方式轻柔地在脸颊上刷拭。

26 以修容刷蘸取亮色系的修容饼，打亮T字部位，可使鼻梁更显立体。

27 以斜角修容刷蘸取暗影粉。

28 将蘸上暗影粉的修容刷轻轻地在脸旁两侧由外往内侧刷，并以斜线方式刷拭，自然的打上阴影，即可达到修容效果。

29 以小遮瑕刷蘸取鼻影粉，轻轻地刷拭在鼻子上段1/3处的两侧壁及眉毛前端下方。

30 以桃红色唇线笔框出唇形。

彩妆步骤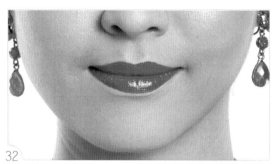

31

以唇刷蘸取红色口红涂抹双唇，改变唇色。

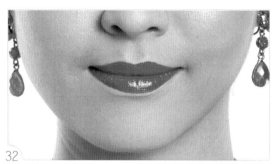

32

双唇第一层红色打底完成。

33

将双唇第一层打底色口红抿在卫生纸上，准备上第二层口红。

34

以蜜粉扑蘸取少许蜜粉，轻拍于双唇上，增加口红的显色性与持久性。

35

最后再以唇刷涂上第二层红色口红即可。

36

全部妆容完成。

彩妆应用的跨世代

怒

彩妆重点 ✎

眼神是心灵之窗，眼神传送内心感受。彩妆师将"怒"的妆容着重在双眼，透过在双眼周围涂上冷酷的黑色与激情的红色，表达出愤怒与冲动的意境。

彩妆步骤 ⊘

1 以粉底刷蘸取粉底膏，从脸部中央向外侧，顺着肌肤纹理刷上粉底（小叮咛：可用化妆海绵轻轻地将粉底推匀，使粉底更服帖、更持久）。

2 以蜜粉刷蘸取蜜粉轻轻刷拭脸蛋，作为定妆。

3 以眼影棒蘸取黑色膏状眼影。

4 以蘸取黑色眼影膏的眼影棒，涂抹整个上眼皮至眼窝上缘，眼尾需向后拉长，再涂抹下眼睑。

5 以眼影棒蘸取红色眼影膏。

6 以蘸取红色眼影膏的眼影棒，从额头中央涂抹至脸颊中央，左侧涂抹至鼻梁，右侧涂抹至发际线。

7
以眼影刷蘸取黑色粉状眼影。

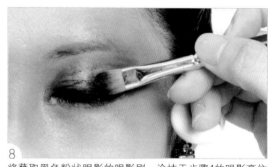

8
将蘸取黑色粉状眼影的眼影刷，涂抹于步骤4的眼影膏位置，加重色彩饱和度。

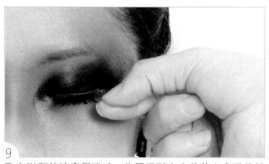

9
取夸张型的浓密假睫毛，依照眼形大小裁剪出合适的长度。

10
将假睫毛根部涂上专用的睫毛胶。

11
等睫毛胶半干时，先将假睫毛与真睫毛根部中间对齐，确认前后位置后再粘贴。

12
刷上睫毛膏，使真、假睫毛更加贴合。

彩妆步骤 👁

13
取浓密型下假睫毛，依照眼形大小裁剪出合适的长度。

14
将下假睫毛根部涂上专用的睫毛胶。

15
以夹子夹住上完胶的下假睫毛，粘贴于下睫毛根部上，再
将下假睫毛轻轻地往睫毛根部推，加强固定。

16
以眼影刷蘸取少量晶钻亮粉。

17
以蘸取亮粉的眼影刷，轻点在眼头处。

18
以蘸取亮粉的眼影刷，轻点在眉峰上方。

19
以蘸取亮粉的眼影刷，轻点在眉头下方。

20
以挖棒挖取少量裸色系唇膏。

21
取少量裸色系唇蜜在挖棒上。

22
以唇刷调和唇膏与唇蜜。

23
最后将调色好的唇膏与唇蜜，以唇刷涂抹双唇即可完成。

24
全部妆容完成。

彩妆应用的跨世代

彩妆重点

　　"哀"的妆容同样着重于眼部，彩妆师以粉红色来表达女性的含蓄、无辜与天真，再佐以白色的眼部彩绘来呈现出双眼楚楚动人的模样。

彩妆步骤

1 以挖棒挖取少量接近自己肤色的粉底膏在调和板上。

2 在调和板上挤出适量的粉底液。

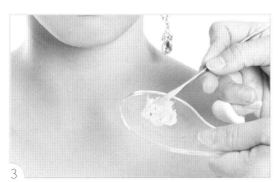

3 以挖棒调和粉底膏与粉底液。

4 以粉底刷蘸取调和好的粉底膏，从脸部中央向外侧，顺着肌肤纹理刷上粉底。

5 以蜜粉刷蘸取蜜粉轻轻刷试脸蛋，作为定妆。

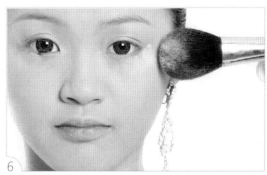

6 以蜜粉刷蘸取蜜粉，铺一层厚厚的蜜粉在眼睛下方（小叮咛：铺上厚蜜粉的作用，是避免眼影粉掉落，弄脏妆容）。

彩妆步骤

7
以眼线笔沿着上睫毛根部描绘出细眼线，需补满睫毛空隙。

8
用手指蘸取珠光粉状眼影。

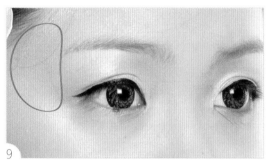

9
将珠光粉状眼影打亮两侧太阳穴至额头边缘。

10
以余粉刷刷掉眼睛下方的蜜粉后，再以眼影刷蘸取桃红色粉状眼影。

11
以蘸取桃红色眼影的眼影刷，从上眼褶中央向后刷拭至太阳穴、向下刷拭至眼尾下方。

12
以眼影刷蘸取白色粉状眼影，从眼头轻轻刷拭至眼窝的1/2处。

13

以眼线笔描绘下眼线后段1/3处，尾端需与上眼线相连。

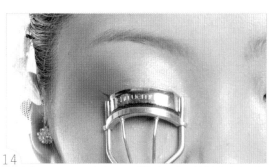

14

眼睛往下看，以适合自己眼形的睫毛夹，慢慢地从睫毛根部往上夹翘。

15

将睫毛膏采用Z字形方式由睫毛根部刷往末梢，需反复多刷几遍。

16

取眼尾加长型的假睫毛，依照眼形大小裁剪出合适的长度。

17

将假睫毛根部涂上专用的睫毛胶。

18

等睫毛胶半干时，先将假睫毛与真睫毛根部中间对齐，确认前后位置后再粘贴。

彩妆步骤

19 以小遮瑕刷蘸取鼻影粉，轻轻地刷拭在鼻子上段1/3处的两侧壁及眉毛前端下方。

20 以斜角修容刷蘸取暗影粉。

21 将蘸上暗影粉的修容刷轻轻地在脸旁两侧，由外往内侧刷，并以斜线方式刷拭，自然地打上阴影，即可达到修容效果。

22 以笔头较细的刷具蘸取白色脸部彩绘用品。

23 以蘸取脸部彩绘品的刷具，从眼睛下方至眼尾后方勾勒出独特的线条图案。

24 以眼影刷蘸取晶钻亮粉，轻点在眼尾至太阳穴处。

25

以眼线液沿下睫毛根部，描绘出下眼线。

26

以挖棒蘸取少量珊瑚红色口红。

27

取少量裸色系唇蜜在挖棒上。

28

以珊瑚红色唇线笔框出唇形。

29

最后以唇刷调和口红与唇蜜后，均匀地涂抹双唇，改变唇色即可完成。

30

全部妆容完成。

乐

彩妆应用的跨世代

彩妆步骤 🌑

7
以蘸取白色眼影粉的眼影刷，轻轻地从眼头刷拭至眼窝1/2处即可。

8
以眼影刷蘸取粉红色粉状眼影。

9
以蘸取粉红色眼影粉的眼影刷，轻轻地从眼窝1/2处刷至眼尾，上眼尾1/3处需加重粉红色，并勾勒出上扬的线条。

10
以银色眼影膏描绘出下眼线。

11
以蜜粉刷刷掉铺在眼睛下方的蜜粉。

12
以眼影刷蘸取蓝绿色粉状眼影，从下眼睑1/2处描绘出下眼线，下眼尾眼线需上扬，并与粉红色眼线相连。

13
以眼影刷蘸取白色眼影亮粉。

14
以蘸取眼影亮粉的眼影刷，轻点眼头下方。

15
以眼影刷蘸取橘色粉状眼影。

16
以蘸取眼影粉的眼影刷，轻轻刷拭鼻子上段1/3处的两侧壁及眉毛前端下方。

17
以眼影刷蘸取绿色粉状眼影。

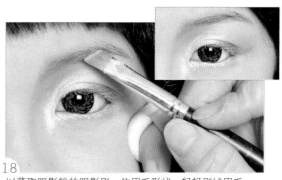

18
以蘸取眼影粉的眼影刷，依眉毛形状，轻轻刷拭眉毛。

彩妆步骤

19 以眼线液沿着上睫毛根部描绘出细眼线，需补满睫毛空隙。

20 以腮红刷蘸取粉红色腮红。

21 做出微笑表情，以蘸取腮红的腮红刷，用画圆的方式轻柔地在脸颊上刷上腮红。

22 以修容刷蘸取亮色系的修容饼，打亮T字部位，可使鼻梁更显立体感。

23 眼睛往下看，以适合自己眼形的睫毛夹，慢慢地从睫毛根部往上夹翘。

24 将睫毛膏以Z字形方式由睫毛根部刷往末梢，须反复多刷几遍。

25
取自然交叉型的假睫毛，依照眼形大小裁剪出合适的长度。

26
将假睫毛根部涂上专用的睫毛胶。

27
等睫毛胶半干时，先将假睫毛与真睫毛根部中间对齐，确认前后位置后再粘贴。

28
以睫毛夹同时夹翘真、假睫毛，可以增加两者的贴合度。

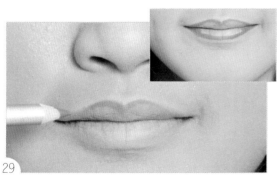

29
以橘色唇线笔描绘出唇形。

30
以挖棒挖取少量红色口红。

彩妆步骤

31

取少量裸色系唇蜜在挖棒上。

32

以唇刷调和口红与唇蜜。

33

最后将调色好的口红与唇蜜，以唇刷涂抹双唇即可完成。

34

全部妆容完成。

part 5

附录

石美芳　老师

经历：
- 树德科技大学　应用设计研究所　硕士
- 华夏技术学院　化妆品应用系　助理教授
- 台南应用科技大学　美容造型设计系　讲师
- 树德科技大学　流行设计系　讲师
- 长荣大学　大众传播系　讲师
- 北台湾技术学院　化妆品应用与管理系　讲师
- 亲民技术学院　化妆品应用与管理系　讲师
- 万能科技大学　化妆品应用与管理系　讲师
- 实践大学　美容保健学程班　讲师
- 沛康实业有限公司　彩妆创意总监
- 新静国际芳香疗法　彩妆造型讲师

著作：
- 《专业包头设计》（必学的包头技巧大公开）
- 《发片艺术圣经》（日式包头绝学大公开）
- 《不用医美也可以很美丽》

石美芳

陈奕融　老师

经历：

. 2004年　　　新闻报道《新娘秘书》专题采访
. 2007年08月　接受某某日报《新娘秘书》专题采访
. 2009年06月　接受公视媒体《金钻密码》专题采访
. 2009年11月　担任第四届"中华两岸美发美容世界潮流国际锦标赛"评审及指导老师
. 2010年08月　担任第五届"中华两岸美发美容世界潮流国际锦标赛"评审及指导老师
. 2011年06月　获聘第六届"中华两岸美发美容世界潮流国际选拔赛"监察长及指导老师
. 2011年06月　荣获第六届国际选拔赛冠军教练

专长：

. 饰品设计创作教学
. 整体造型教学
. 辅导就业
. 激发潜能，辅导作品加以变化而独树一格

所获证书及学习过程：

. 英国彩妆证书
. 形象设计高师证
. 嘉南药理科技大学化妆品应用管理系毕业

著作：

. 《整体造型秘技》（真发篇）
. 《整体造型秘技》（假发篇）
. 《整体造型秘技》（美发造型篇1）
. 《整体造型秘技》（美发造型篇2）
. 《整体造型秘技》（美发作品珍藏集1）

赖采滢 老师

经历：
- 台北青桦婚纱整体造型师
- 克莉丝汀婚纱整体造型师
- 婚纱样本指定整体造型师
- 日本植村秀彩妆指定讲师
- 亚洲婚纱样本指定整体造型师
- 香港各大整体造型补习班、敬邀师资班整体教学讲师
- 亚洲各大知名化妆品牌指定彩妆讲师
- 各大院校敬邀自我形象讲座讲师
- 2004年 台湾莱雅股份有限公司签约彩妆讲师
- 2007年 3C 电脑资讯展 HDV 彩妆秀指导老师
- 2008年 芙蝶创业婚礼敬邀彩妆造型团队
- 2010年 成立彩影丽致新秘造型团队

著作：
- 《国际彩妆达人》
- 《整体造型秘技》（真发篇）
- 《整体造型秘技》（假发篇）
- 《整体造型秘技》（美发造型篇 1）
- 《整体造型秘技》（美发造型篇 2）
- 《整体造型秘技》（美发作品珍藏集 1）

卢美娜 老师

经历：

- 全球华侨总会创业主任委员
- 银禧国际婚顾董事
- 莎提薇儿造型师
- 嫚蓉美容美体美容师
- 花言巧语婚顾指定造型师
- 担任旗林文化出版社有限公司《整体造型秘技》内容总规划

专长：

造型设计、美容保养、美甲、会场布置设计、行销企划

著作：

- 《健康美味蔬果汁373道》
- 《整体造型秘技》（真发篇）
- 《整体造型秘技》（假发篇）
- 《整体造型秘技》（美发造型篇１）
- 《整体造型秘技》（美发造型篇２）
- 《整体造型秘技》（美发作品珍藏集１）
- 《粉雕美甲轻松上手》
- 《彩绘美甲轻松上手》

Mei Na